BEI GRIN MACHT SICH IHR WISSEN BEZAHLT

Silvia Schein

Die Landwirtschaft in den ostmitteleuropäischen EU-Beitrittsländern

GRIN Verlag

Bibliografische Information der Deutschen Nationalbibliothek:

Die Deutsche Bibliothek verzeichnet diese Publikation in der Deutschen National-
bibliografie; detaillierte bibliografische Daten sind im Internet über http://dnb.d-
nb.de/ abrufbar.

Impressum:

Copyright © 2003 GRIN Verlag GmbH
Druck und Bindung: Books on Demand GmbH, Norderstedt Germany
ISBN: 978-3-640-15065-6

Dieses Buch bei GRIN:

http://www.grin.com/de/e-book/22738/die-landwirtschaft-in-den-ostmitteleuropaei-
schen-eu-beitrittslaendern

GRIN - Your knowledge has value

Der GRIN Verlag publiziert seit 1998 wissenschaftliche Arbeiten von Studenten, Hochschullehrern und anderen Akademikern als eBook und gedrucktes Buch. Die Verlagswebsite www.grin.com ist die ideale Plattform zur Veröffentlichung von Hausarbeiten, Abschlussarbeiten, wissenschaftlichen Aufsätzen, Dissertationen und Fachbüchern.

Besuchen Sie uns im Internet:

http://www.grin.com/

http://www.facebook.com/grincom

http://www.twitter.com/grin_com

Silvia SCHEIN

Die Landwirtschaft in den ostmitteleuropäischen EU-Beitrittländern

Seminararbeit
(SS 2003)

Institut für Geographie und Raumforschung der Universität Graz

Zusammenfassung

Den Einstieg in meine Arbeit bildet die Frage nach der Zielsetzung, die mit der Antwort eines umfassenderen Einblicks in das Thema Landwirtschaft in den ostmitteleuropäischen EU-Beitrittsländern beantwortet werden soll. In der Einleitung ist ferner die Bedeutung und die Aktualität der Landwirtschaft in den MOEL enthalten. Dies ist notwendig um einen kurzen Gesamtüberblick über die Thematik zu erhalten und die umfangreiche Komplexität darzustellen.

Das folgende Kapitel „Situation der Landwirtschaft in den ostmitteleuropäischen EU-Beitrittsländern" versucht dieses komplexe Thema ein wenig einzugrenzen. So wird versucht durch einen kurzen Überblick über den Einfluss des historischen Erbes aber auch durch die Entwicklung und den Vergleich der Landwirtschaft in den Ländern anhand ausgewählter Sektoren, die Thematik näher zu erläutern.

Die Integration der ostmitteleuropäischen Landwirtschaft in die EU bildet den dritten Teil der Arbeit, der die Positionen und Forderungen seitens der EU als auch der MOEL beinhaltet. Weitere Berücksichtigung erhalten die verschiedenen Heranführungsinstrumente, durch die eine Anpassung der Landwirtschaft in den MOEL an den Status der EU erreicht werden soll.

Das vierte Kapitel wagt einen Blick in die Zukunft, der einerseits durch die Frage nach dem Potential der Landwirtschaft nach einem Beitritt veranschaulicht werden soll, andererseits durch die Auflistung von möglichen Risikobereichen und Problemen in der Landwirtschaft. Hierbei sei festgestellt, dass ein Blick in die Zukunft nur schwer möglich ist.

Den Schluss bildet eine kurze Zusammenfassung über das Thema, die die Landwirtschaft in den ostmitteleuropäischen EU-Beitrittsländer als ein komplexes darstellt, die gesamtwirtschaftlich betrachtet mit erheblichen Unterschieden zwischen den Beitrittsländern und den zahlreichen Risiken, über ein großes Potential verfügt.

Abstract

My work starts with the question regarding the objective target which will be answered by means of a comprehensive insight into the topic.

The relevance to the present and the necessity of agriculture are included in the introduction too. That is essential to get the general idea of the detailed and complex subject.

The following chapter, which is named "Situation of agriculture in the Central and Eastern European Countries", tries to enclose the extensive subject. In this way the topic is illustrated by a short view of the influence of the historical heritage. Development and comparison of agriculture in these countries are explained on the basis of selected items.

The chapter "Integration in the European Union" shows the current situation and negotiations between the EU and the Central and Eastern European Countries. Further attention is focused on various methods that should reach an adaptation of agriculture of the Central and Eastern European Countries to the status of the EU.

The fourth chapter takes a glimpse ahead asking on the one hand about the capacity of agriculture after the entry into the EU and on the other hand about possible risks and problems. It should be mentioned in this place that future prospects are rather difficult to predict.

As stated in the chapters before it is stated in the conclusion that the subject of agriculture in the future member countries is a complex one. Regarding the chosen fields the agriculture in the Central and Eastern European Countries will soon approach to the status of the EU. Only the question of the privatization has not been cleared up yet. Related to the whole rural economy it can only be said that the Central and Eastern European Countries can be seen as a sleeping agricultural giant which has big difficulty but also huge capacity.

Inhaltsverzeichnis

Abbildungs- und Tabellenverzeichnis

1. Einleitung

1.1. Zielsetzung

Ziel meiner Arbeit ist es, die Landwirtschaft in den ostmitteleuropäischen EU-Beitrittsländern näher zu betrachten.

Die Landwirtschaft in den ostmitteleuropäischen EU-Beitrittländern und die Annäherung dieser an den EU-Status spielten schon bei der vorigen Erweiterung eine große Rolle und sind bei dieser Verhandlungsrunde von noch umfangreicherer Komplexität. So sollen die Situation der Landwirtschaft in den ostmitteleuropäischen EU-Beitrittsländern, die Integration dieser in die EU, sowie ein Blick in die Zukunft, Themen dieser Seminararbeit sein, um einen konkreteren Einblick in dieses umfassende Thema zu erhalten.

Demnach wird im Teil „Situation der Landwirtschaft in den ostmitteleuropäischen EU-Beitrittsländern" der Einfluss des historischen Erbes sowie die Entwicklung und ein Vergleich der Landwirtschaft in den ostmitteleuropäischen Beitrittsländer anhand ausgewählter Agrarsektoren vermittelt. Das Kapitel „Integration in die EU" konzentriert sich hingegen auf die unterschiedlichen Forderungen seitens der EU und der MOEL, sowie auf die Heranführungshilfen. Im vierten Kapitel wird ein Blick in die Zukunft gewagt, der sowohl das Potential der LW in den 8 MOEL, als auch die Probleme nach dem Beitritt aufzeigen soll. Das letzte Kapitel umfasst einen kurzen Gesamtüberblick über die Problemstellung.

1.2. Aktualität und Bedeutung der Landwirtschaft in den Beitrittsländern

Mit der Erweiterung der EU um die Mittel- und Osteuropäischen Beitrittskandidaten[1] rückt das Ziel einer wirtschaftlichen und politischen Vereinigung Europas wieder ein Stück näher. Konkret gehören zu den ostmitteleuropäischen EU-Beitrittsländern, wie aus der Abbildung 1 ersichtlich, die Staaten Lettland, Estland, Litauen, Polen, Tschechien, Slowakei, Ungarn und Slowenien (Kleine Zeitung, 16.April 2003, S.2).

---

[1] Im folgenden werden die mittel- und osteuropäischen Beitrittskandidaten mit MOEL abgekürzt.

Im Hinblick auf die bevorstehende EU-Osterweiterung stellt speziell der Bereich Landwirtschaft eine große Herausforderung dar (Europäische Kommission, Februar 2003). Durch die Osterweiterung wird sich nun die Bedeutung des Agrarsektors für die EU wesentlich ändern, da hinsichtlich der landwirtschaftlichen Nutzfläche, der Agrarproduktion und vor allem der landwirtschaftlichen Beschäftigten, die Landwirtschaft in den MOEL, wie aus der Abbildung 1 ersichtlich, einen erheblich höheren Stellenwert einnimmt als in der EU.

Abbildung 1: EU-Beitrittskandidaten

(Quelle: Europäische Union in Deutschland zur EU-Erweiterung, April 2003)

1996	Landw. Nutzfläche		Agrarproduktion		Ldw. Beschäftigte	
	000 ha	% Ges.Fl.	Mrd. ECU	% BIP	000	% Ges.-Be.
Polen	18474	59,1	6,5	6,0	4130	26,7
Ungarn	6184	66,5	2,1	5,8	298	8,2
Tschechien	4279	54,3	1,2	2,9	211	4,1
Slowenien	785	38,7	0,7	4,4	61	6,3
Estland	1450	32,1	0,3	8,0	74	9,2
Slowakei	2445	49,9	0,7	4,6	169	6,0
Litauen	3151	48,5	0,5	10,2	398	24,0
Lettland	2521	39,0	0,3	7,6	208	15,3
MOEL-8	39.289	**48,5**	**12,3**	6,18	5549	**12,4**
EU-15	135.260	**41,8**	**117,5**	1,7	7514	**5,1**

Tabelle 1: Bedeutung der Landwirtschaft (Quelle: Europäische Kommission, Februar 2003; Graphik: Eigene Bearbeitung)

Nur in Tschechien, in der Slowakei und in Slowenien ist die Bedeutung der Landwirtschaft unter diesen Gesichtspunkten mit dem EU-Durchschnitt vergleichbar. Hinsichtlich der Beschäftigten in der Landwirtschaft zeigt die Tabelle 1, dass in den 8 MOEL der Anteil der landwirtschaftlich Beschäftigten mit 12,4%, weitaus höher ist, als der in den EU-15 Staaten (5,1%). Die Erweiterung würde folglich die Anzahl der Landwirte mehr als verdoppeln, was aber nicht gleichzeitig eine Produktivitätssteigerung beinhaltet. Diese weist nämlich im Gegensatz zur EU einen beträchtlich niedrigeren Wert auf. Auch bei der landwirtschaftlich genutzten Fläche wird die größere Bedeutsamkeit des Agrarbereichs in den MOEL verdeutlicht. (Europäische Kommission, Februar 2003; Amt der Salzburger Landesregierung, Jänner 2003).

2. Situation der Landwirtschaft in den ostmitteleuropäischen EU-Beitrittsländern

2.1. Der Einfluß des historischen Erbes auf die heutige Landwirtschaft

2.1.1. Von der Plan- zur Marktwirtschaft

In den ost- und mitteleuropäischen EU-Beitrittsländern unterliegt der Agrarsektor einem Wandel von der ehemals sozialistischen Planwirtschaft hin zu einer wettbewerbsfähigen Marktwirtschaft. Diese Transformation war und ist noch immer ein sehr schwieriger Prozess, da die in den Ländern zuvor herrschenden ökonomischen Strukturen, grundlegend anders waren als die in den Ländern der Marktwirtschaft (BUCHHOFER, QUAISSER 1998, S.1-2). Vor der Transformation war ein Agrarmarkt als solcher praktisch nicht vorhanden. Die Erzeugung, Verteilung, Verwendung, als auch die Preise von Agrarprodukten wurden nicht durch Angebot und Nachfrage, sondern durch staatliche Einrichtungen im Rahmen der zentral gelenkten Planwirtschaft getroffen. Die Nachfragekurve nach Agrarprodukten oder anderen Lebensmitteln wurde somit durch die Entwicklung der Einkommen gesteuert. Besonders charakteristisch für die Landwirtschaft der MOEL vor der Transformation war die führende Stellung der Verarbeitungsbetriebe von Getreide, Milch, Fleisch und Ölsaaten, die bis heute noch teilweise vorherrschend ist. Auch die Vielfältigkeit der Warenströme zwischen Erzeuger, Großhandel und Verarbeiter war und ist auch heute teilweise noch nicht vorhanden.

Durch den Umbruch 1989/90 wurde jedoch die gesamte Wirtschaft einer starken Weltkonkurrenz ausgesetzt, wodurch eine Modernisierung des gesamten Agrarsektors nötig war. So wurden nach und nach das Rechts-, Organisations- und Wirtschaftssystem an die Prinzipien des Westens angepasst. Betrachtet man die letzten Jahre so wurden durch Freihandelsabkommen eine schrittweise Marktöffnung erzielt und durch viele bilateralen Vereinbarungen der Außenschutz reduziert. Außerdem mussten Importabgaben für Agrarprodukte im Rahmen des WTO-Abkommens reduziert werden (Bundesanstalt für Agrarwirtschaft, März 2003).

So wurden nun drei wesentliche Änderungen zur vorher dominierenden Planwirtschaft vollzogen: Zu aller erst sind anstelle des kommunistischen Regimes mit seiner Monopolstellung demokratische Systeme entstanden. Folglich hat sich ein privater Landwirtschaftssektor durch Privatisierung, Neugründung von Firmen und ausländischen Investitionen gebildet. Ferner etablierte sich der Marktmechanismus als entscheidender Koordinationsmechanismus (Brezinski, nach BRUNNER 2000, S.153-163).

2.1.2 Das Privatisierungsproblem in der Landwirtschaft

Wie bereits im Kapitel 2.1.1 erwähnt, stellen tiefgreifende institutionelle und betriebliche Anpassungsprozesse in der Landwirtschaft einen wichtigen Pfeiler in Bezug auf Weiterentwicklung und Wettbewerbsfähigkeit gegenüber der EU dar. Im Zentrum steht hierbei die Privatisierung und Dekollektivierung der großflächigen Staats- und Kollektivbetriebe, die in den meisten MOEL dominieren.

Grund dafür war, dass verbunden mit der Entstehung von Nationalstaaten nach 1920, wie aus der Abbildung 2 ersichtlich, auch weitreichende Agrarreformen durchgeführt wurden, die die Landwirtschaft maßgeblich veränderten. So traten an Stelle des klassischen Spektrums von klein bis mittelgroßer Betriebe zentral gesteuerte Großeinheiten. Diese Agrarkollektivierung setzte sich auch nach 1945 unter kommunistischer Staatsführung fort und spiegelte die Wertigkeit des Agrarsektors im Gegensatz zur Industrie wieder. Dabei wurde leicht übersehen, dass in den Staaten etwa 80-90% der Landesfläche von land- und forstwirtschaftlicher Nutzung waren, denen der größere Teil der Volksernährung zu verdanken war.

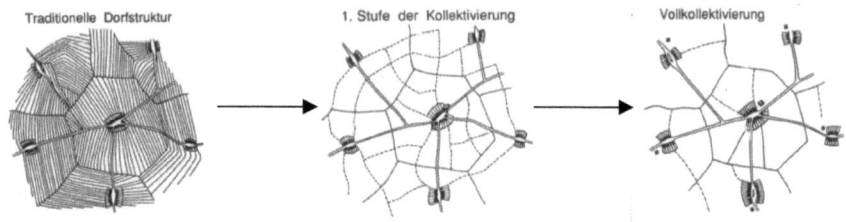

Traditionelle Dorfstruktur   1. Stufe der Kollektivierung   Vollkollektivierung

Abbildung 2: Agrarkollektivierung (Quelle: PENZ 1992)

Neben den großen Agrarkollektivierungen, herrschten dagegen in Polen und Slowenien private Kleinlandwirtschaften, jedoch ohne eigene Vermarktungserfahrungen, vor (BUCHHOFER, QUASSIER 1998, S.1-2). Grund für die überwiegend private Eigentumsstruktur in Polen war der energische Widerstand der Kleinbauern gegen Strukturreformen in der Landwirtschaft (Bundesanstalt für Agrarwirtschaft, März 2003). Hier waren also die Produktionsmittel in den Händen des Volkes, wodurch man sich ein erhöhtes Verantwortungsbewusstsein und Engagement versprach. Denn für einen erfolgreichen Wandel hin zur Marktwirtschaft war die Trennung von Staat und Wirtschaft nötig. Hierbei sind zwei Aufgaben zu bewältigen. Zum einen, die Änderung der Eigentumsrechte (Privatisierung) und zum anderen die Reform der Betriebsstruktur, also der Übergang vom überdimensionierten Großbetrieb zu kleineren Produktionseinheiten (BUCHHOFER, QUASSIER 1998, S.14; DAUSES (Hrsg.) 1998, S.207).

Nicht in Frage gestellt wurde die Änderung der Betriebsstruktur. Die oftmals Tausend Hektar großen Betriebe hatten nämlich immer mehr mit hohen Verwaltungs- und Organisationskosten und geringer Flexibilität zu kämpfen, wodurch die Nutzung von „economie of scale", also die Kosteneinsparung durch zunehmende Größe nicht mehr gegeben war (BUCHHOFER, QUAISSER 1998, S.14-18; DAUSES (Hrsg.) 1998, S.207).

Betrachtet man nun die Änderung der Eigentumsrechte, so lassen sich trotz des komplexen Privatisierungsprozesses dennoch einige gemeinsame Merkmale festhalten. Grundvoraussetzung für das Funktionieren der Privatisierung sind stabile Bodenmärkte, ohne die eine Anpassung der Betriebsstruktur nicht erfüllt werden kann. Allgemein gesehen wurden kleine Betriebe durch direkten Verkauf bzw. ihm Rahmen von Auktionen privatisiert. Große Betriebe wurden in Kapitalgesellschaften umgewandelt und anschließend durch Anteilsübertragungen privatisiert. In den baltischen Staaten, Slowenien und Ungarn erhielten die Produzenten und Mitarbeiter landwirtschaftlicher Betriebe ein Vorrecht beim Erwerb von Anteilen. Dies erfolgte vor allem bei fleisch-, getreide- und milchverarbeitenden Gewerben. In Tschechien, Slowakei und zum Teil auch Slowenien erfolgte die Änderung der Eigentumsrechte durch sogenannte Voucherprivatisierungen. Dies bedeutete, dass der Bevölkerung kostenlos Schecks (Vouchers) über einen bestimmten Betrag ausgestellt wurden mit denen sie Aktien von zu privatisierenden Betrieben erwerben konnten. Vor allem in Tschechien kam es in Bezug auf die Eigentumsrechte zu erheblichen Problemen, da den unmittelbar nach dem 2 Weltkrieg enteigneten sudetendeutscher Großgrundbesitzern und der Kirche keine Wiedergutmachung in Aussicht gestellt wurde. Gleichermaßen war dies in Polen der Fall, wo die Enteignung der dort vertriebenen Deutschen weder rückgängig gemacht wurde noch eine geringfügige Entschädigung erfolgte.

Im allgemeinen gehört dem Privatisierungsprozess auch die Etablierung neuer privater Unternehmen an, eine Methode die vor allem in Tschechien und Polen eine große Rolle spielt (FROHBERG, HARTMANN 2001, S.12).

Der Prozess der Privatisierung ist also ein komplexer, der mit vielen Problemen behaftet ist. In Bezug auf die verschiedenen Methoden ist zu sagen, dass die Restitution, also das Zurückgeben der Flächen an die Alteigentümer bzw. das Entschädigen für eine Stabilisierung der Demokratie insofern wichtig ist, da es sich um eine Begleichung von Unrecht handelt (Europäische Kommission, Februar 2003).

2.2. Entwicklung und Vergleich der Landwirtschaft in den MOEL anhand ausgewählter Agrarsektoren

2.2.1. Landwirtschaftliche Nutzfläche und Agrarproduktion

Die landwirtschaftliche Nutzfläche insgesamt war zwar während des Übergangs zur Marktwirtschaft leicht rückläufig, ist jedoch im großen und ganzen, wie aus der Abbildung 3 zu sehen, gleich geblieben. So betrug die landwirtschaftliche Nutzfläche im Jahre 1997 etwa 28 290 000 ha, was einen Wert von 37 % der landwirtschaftlichen Nutzfläche der EU entspricht.

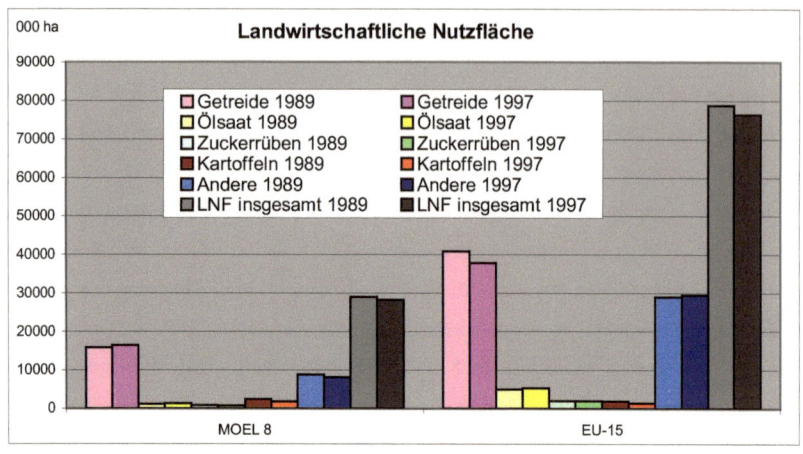

Abbildung 3: Landwirtschaftliche Nutzfläche (Quelle: Europäische Kommission, Februar 2003; Graphik: Eigene Bearbeitung)

Betrachtet man den Getreideanbau, so sind die Flächen von 1989-97 leicht gestiegen und belegen 52% der landwirtschaftlichen Nutzfläche der MOEL, im Gegensatz zu 50% in der EU. Im Gegensatz zu den Getreideanbaufläche sind die Anbauflächen von Kartoffeln und Zuckerrüben, wie aus der Graphik ersichtlich, rückläufig. Die Kartoffelanbaufläche ist jedoch nach wie vor größer als die der EU, die Ölsaatenflächen der MOEL dafür verglichen mit der EU recht gering.

Mit dem Flächenrückgang ist auch die Produktion in der Agrarwirtschaft, gemessen als Bruttoagrarproduktion (BAP), nach dem Ende des Kommunismus leicht zurückgegangen, wobei in letzter Zeit, wie aus der Abbildung 4 zu sehen, bereits eine leichte Stagnation zu verzeichnen ist.

Grund dafür war die allgemein schlechte wirtschaftliche Lage, die geringe Nachfrage durch den Wegfall der Verbrauchersubventionen, Eigentumsprobleme, Personalüberschuss, hohe Inflationsraten und Zinsen sowie sinkende Gewinne, da die Erzeugerpreise langsamer stiegen als die Betriebskosten (Landwirtschaftlicher Informationsdienst, Jänner 2003).

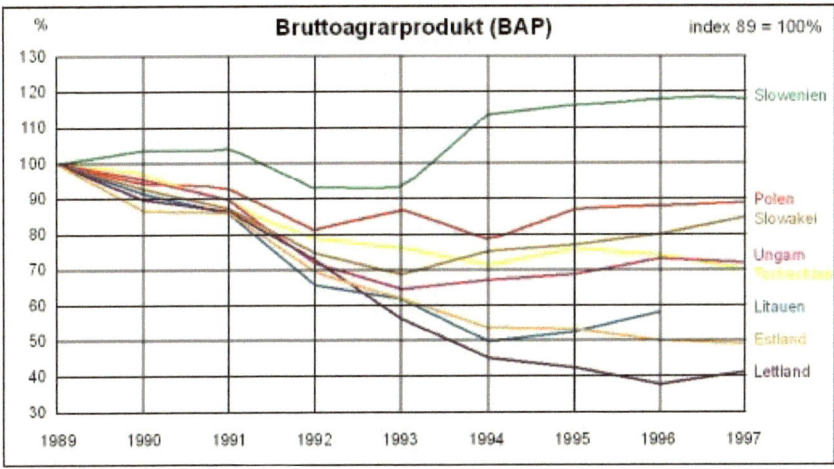

Abbildung 4: Bruttoagrarprodukt der MOEL (Quelle: Europäische Kommission, Februar 2003; Graphik: Eigene Bearbeitung)

Ausnahme stellt hierbei Slowenien dar, dessen Produktion fast durchgehend gestiegen ist und heute sogar das Niveau, das vor dem Übergang herrschte, überschritten hat. Grund dafür ist der slowenische Privatsektor, der durch die Strukturreform nur wenig Störungen ausgesetzt war, als auch die slowenische Politik, die relativ hohe Erzeugerpreise betrieb. Auch Polen hat aufgrund des dominierenden Privatsektors in der Landwirtschaft, aber vor allem durch die Erholung des Pflanzenbaus nun 90% seines vorherigen landwirtschaftlichen Produktionsniveaus erreicht. In Tschechien und Ungarn liegt das Bruttoagrarprodukt jedoch schon deutlich unter 80%, in den baltischen Staaten sogar zwischen 60-40% des Niveaus vor der Transformation (Europäische Kommission, Februar 2003).

Besonders der Tierhaltungssektor verzeichnete, wie aus der Abbildung 5 ersichtlich, einen erheblichen Rückgang im Zeitraum 1989 – 1997, der auch bis heute noch andauert.

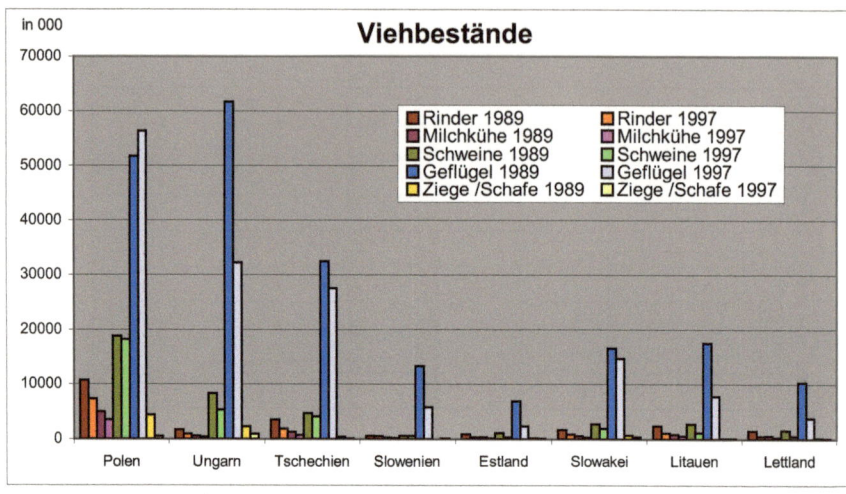

Abbildung 5: Viehbestände in den MOEL (Quelle: Europäische Kommission, Februar 2003; Graphik: Eigene Bearbeitung)

In der Viehhaltung haben sich die Rinder- und Schafbestände seit der politischen Wende fast um die Hälfte verringert. Weniger stark betroffen waren die Milchkuh-, Schweine- und Geflügelbestände, die in letzter Zeit wieder zunehmen. Vor allem die Verringerung der Milchkuhbestände hat sich in den meisten MOEL verlangsamt. Der Rückgang der Rinderbestände ist darin begründet, dass vor der Wende Rinder überwiegend in größeren Anlagen, Staatsbetrieben und Produktionsgenossenschaften gehalten wurden. Schweine und andere Nutztiere wurden hingegen in privaten Hauswirtschaften für den Eigenbedarf gehalten. Nach diesen Einbrüchen hat sich die Viehwirtschaft wieder erholt und steigt allmählich (BBJ-Unternehmensgruppe, Februar 2003; Europäische Kommission, Februar 2003).

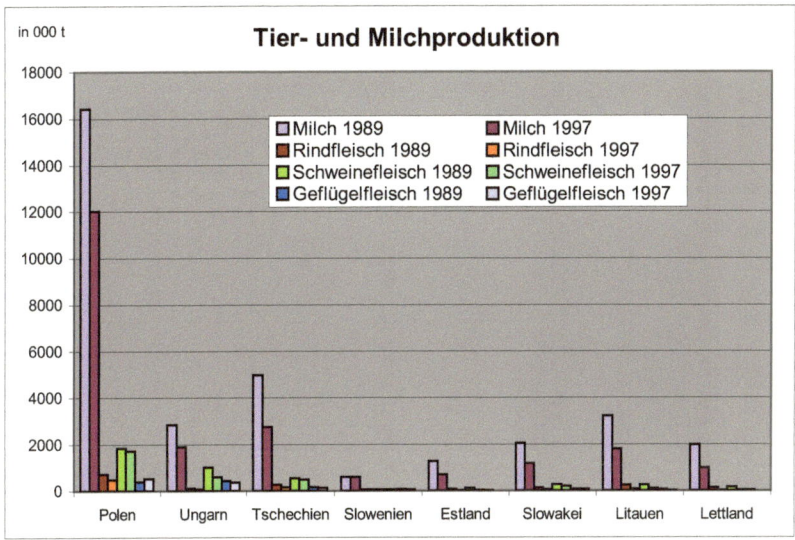

Abbildung 6: Tier- und Milchproduktion (Quelle: Europäische Kommission, Februar 2003; Graphik: Eigene Bearbeitung)

Die baltischen Staaten, aber auch Tschechien, Slowenien, Polen und Ungarn hatten, wie aus Abbildung 6 ersichtlich, seit jeher mit Überschüssen im Bereich Milchwirtschaft, der in Form von Butter, Milchpulver und Käse exportiert wurde, zu kämpfen. Seit dem Übergang zur Marktwirtschaft kam es jedoch zu einem Rückgang der Milchkuhbestände, der die Produktion einschränkte und infolge den Überschuss einbremste.

Die Rind-, Schweine- und Geflügelfleischproduktion hat in allen Ländern, mit Ausnahme von Slowenien, abgenommen. Wie an den Balken zu erkennen, ist das Schweinefleisch das beliebteste aller Fleischarten. Generell ist zu sagen, dass die Erzeugung in der Tier- und Milchproduktion abgenommen hat, jedoch bald wieder den Stand vor 1989 erreichen wird.

Wie bei den Viehbeständen ist auch die Produktion von Ackerkulturen im Zeitraum 1989 bis 1997 generell gesehen zurückgegangen. Dies erfolgte aufgrund der allgemein schlechten finanziellen Lage der Landwirtschaft, die durch den anfänglich steigenden Preis/Kostendruck erfolgte, was den Einsatz von Produktionsfaktoren drastisch reduziert hatte. Da der Anteil der Anbauflächen jedoch zumindest teilweise zugenommen hat und es wieder vermehrt zum Einsatz von Produktionsfaktoren kam, erholten sich die Erträge ein wenig. Dennoch liegt das derzeitige Produktionsniveau für Ackerkulturen unter dem vor dem Übergang.

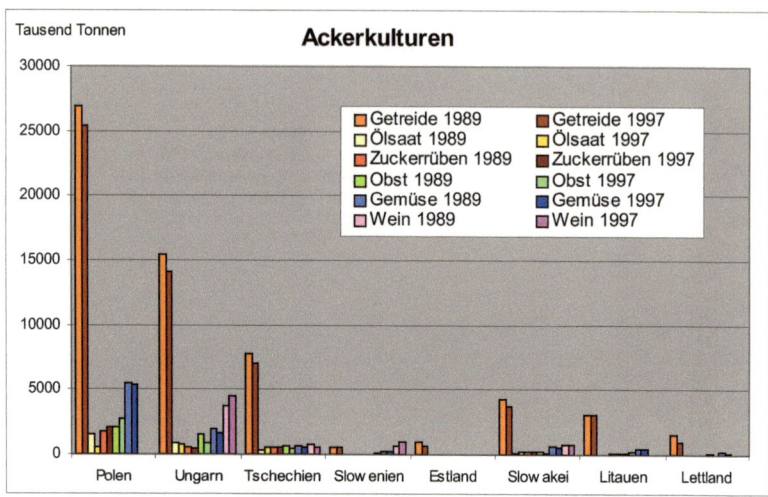

Abbildung 7: Ackerkulturen (Quelle: Europäische Kommission, Februar 2003;
Graphik: Eigene Bearbeitung)

Wie aus der Abbildung 7 zu sehen, ist die Getreideproduktion von großer Bedeutung. Trotzt der Zunahme der Getreideflächen war die Nachfrage dieser landwirtschaftlichen Produkte stärker zurückgegangen als die Produktion. Somit wurden die MOEL von vormals Nettoeinführer zu Nettoausführern. Die Erzeugung von Obst und Gemüse ist hingegen stark zurückgegangen. Die Produktion von Wein ist aufgrund der höheren Erträge auch gestiegen, wobei für dessen Erzeugung und Ausfuhr vor allem Ungarn aufkommt (Europäische Kommission, Februar 2003).

2.2.2. Betriebsstruktur

In allen Beitrittsländern bestand Klarheit darüber, dass eine Privatisierung der Betriebe erfolgen musste. In den baltischen Staaten wollte man vor allem die sowjetische Besetzung rückgängig machen, wodurch ehemalige Kolchosen und Sowchosen aufgelassen und statt dessen Privatbetriebe gegründet wurden.

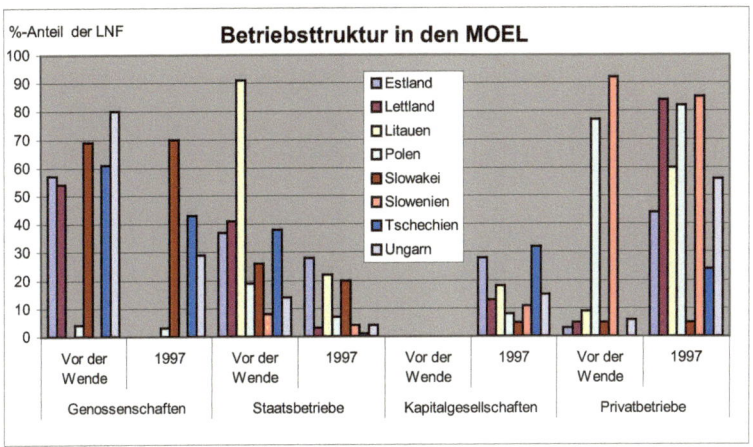

Abbildung 8: Betriebsstruktur in den MOEL, (Quelle: Europäische Kommission, Februar 2003; Graphik: Eigene Bearbeitung)

In Tschechien und der Slowakei blieb die Mehrheit der Großbetriebe auch nach der Wende erhalten, da man überzeugt war, dass man mit kleinen Betrieben nicht mehr effizient produzieren und somit die Sicherung der Einkommen nicht mehr gegeben wäre (Institut für Agrarentwicklung in Mittel- und Osteuropa, März 2003).

Aus der Abbildung ist außerdem ersichtlich, dass bezüglich der baltischen Staaten vor allem in Lettland nach der Wende der größte Teil der landwirtschaftlichen Nutzfläche von Privatbetrieben bewirtschaftet wird. Auch in Ungarn ist die Privatisierung der Betriebe immer mehr vorangeschritten, sodass 1997 mehr als die Hälfte der landwirtschaftlichen Nutzfläche durch Privatbetriebe bewirtschaftet wurden (FROHBERG, HARTMANN 2001, S.10).

In Polen und Slowenien war die Strukturreform weniger ausgeprägt, da bereits vor der Wende Privatbetriebe dominierten (Institut für Agrarentwicklung in Mittel- und Osteuropa, März 2003).

So entwickelte sich im Zuge der Transformation in den MOEL, also eine duale Betriebsstruktur, und zwar das Bestehen kollektiver oder staatlicher Betriebe neben immer häufig werdenden Einzel- und Privatbetrieben. Die durchschnittliche Größe der vormals staatlichen Betriebe bzw. die sich zur Zeit in staatlicher Hand oder Aufsicht befinden, ist stark zurückgegangen, wohingegen die Größe der Privatbetriebe, wie aus der Abbildung 9 ersichtlich, allmählich steigt. (Europäische Kommission, Februar 2003).

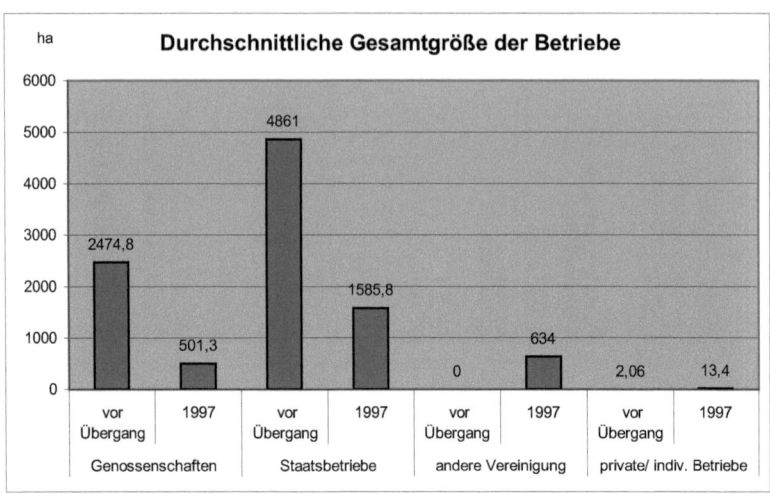

Abbildung 9: Durchschnittliche Gesamtgröße der Betriebe (Quelle: Europäische Kommission, Februar 2003; Graphik: Eigene Bearbeitung)

Der Grund dafür liegt in der Effizienzsteigerung, da zu große Betriebseinheiten schlechter zu bewirtschaftende Proportionen annehmen. Vor allem die ehemaligen Genossenschaften die mittlerweile in private (Erzeuger)-Genossenschaften bzw. Vereinigungen umgewandelt wurden, werden in Zukunft eine immer bedeutendere Rolle spielen, da sie der Subsistenzwirtschaft und der Versorgung der lokalen Märkte dienen. Ausnahmen stellen hier wieder Polen und Slowenien dar, die von der Strukturreform weniger betroffen waren. Wie bereits erwähnt, sind für jene Strukturreformen funktionstüchtige Immobilienmärkte nötig. Dies stellt jedoch in einigen Ländern einen Stolperstein dar, da weder eine endgültige Klärung der Eigentumsrechte vollzogen ist, noch die bestehende Beschränkung für den Erwerb von Grund und Boden in bestimmten Ländern aufgehoben wurde (Europäische Kommission, Februar 2003).

2.2.3. Agrarhandel und Preise

Der Agrarhandel ist sowohl für die MOEL als auch für die EU-Staaten von enormer Bedeutung. Für die EU stellen die Beitrittsländer den zweitwichtigsten Handelspartner dar, für die wiederum die EU als Haupthandelspartner gilt. Vor allem in Bezug auf Einfuhren, die 40 bis 50 % ausmachen, ist die EU der wichtigste Handelspartner für viele MOEL. Die EU exportiert also, wie aus der Abbildung 10 zu sehen, mehr als sie aus den MOEL importiert (Europäische Kommission, Jänner, März 2003).

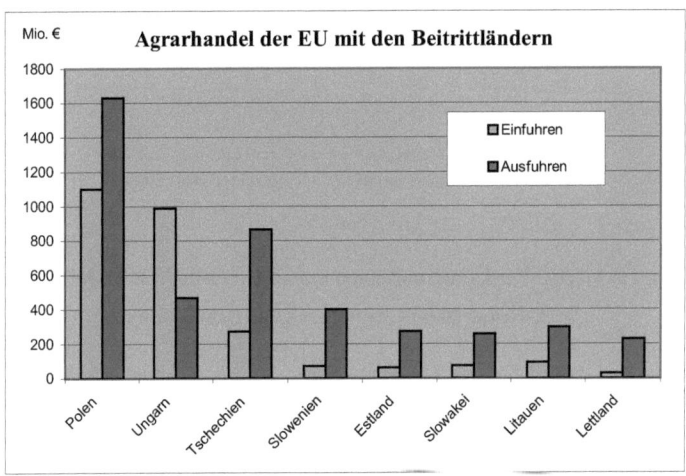

Abbildung 10: Agrarhandel (Quelle: Institut für Wirtschaftsgeographie der Uni München, März 2003; Graphik: Eigene Bearbeitung)

Wie aus der Abbildung 11 ersichtlich, sind nun, mit Ausnahme von Ungarn, die meisten MOEL nach dem Übergang bedeutende Lebensmittelimporteure geworden. Der Grund dafür liegt darin, dass nach der Transformation die Produktion stark zurückgegangen ist und die Anforderungen an die Lebensmittelhersteller durch die schrittweise Öffnung des Marktes gestiegen sind. Diese Ansprüche können die MOEL ihrerseits zur Zeit noch schwer einhalten, da sich der Agrarsektor noch in einer Umstrukturierungsphase befindet (Institut für Wirtschaftsgeographie der Uni München, März 2003).

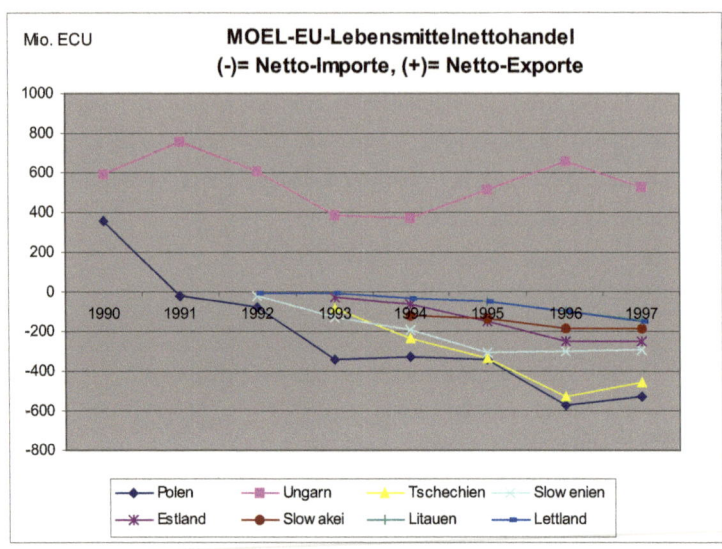

Abbildung 11: MOEL-EU-Lebensmittelnettohandel, (Quelle: Europäische Kommission, Februar 2003; Graphik: Eigene Bearbeitung)

Auch hemmend war der Zusammenbruch des Lebensmittelsektors in Russland und in anderen osteuropäischen Staaten, die immer mehr zum Absatzmarkt für Billiglieferungen aus den MOEL wurden. Diese Billigerzeugnisse wurden in den MOEL selbst durch westliche Erzeugnisse verdrängt. So setzten sich nach und nach professionelles Marketing, modernes Produktionsdesign und kundenorientierte Angebotspolitik im Lebensmittelhandel der MOEL durch (Europäische Kommission, Februar 2003).

Die Preise für ihre Erzeugnisse nähern sich, wie aus der Abbildung 12 ersichtlich, in den MOEL allmählich jenen in der EU. Unterstützt wird die Annäherung der Preise durch eine Vielzahl von Marktinstrumenten, die von Direktzahlungen, Subventionen für Produktionsfaktoren bis zu Investitionsbeihilfen und Steuerbefreiungen führen. Grundlegende Hilfe zur Marktpreisunterstützung stellt aber der Außenschutz in Form von Zöllen, Einfuhr- bzw. Ausfuhrlizenzen, Ausfuhrsubventionen, sowie Interventionen (Stützungskäufe) auf dem Markt dar. So hat die Preisstützung, die Entwicklung auf dem Weltmarkt und die Steigerung der Inlandsnachfrage zu einem Anstieg der Erzeugerpreise geführt.

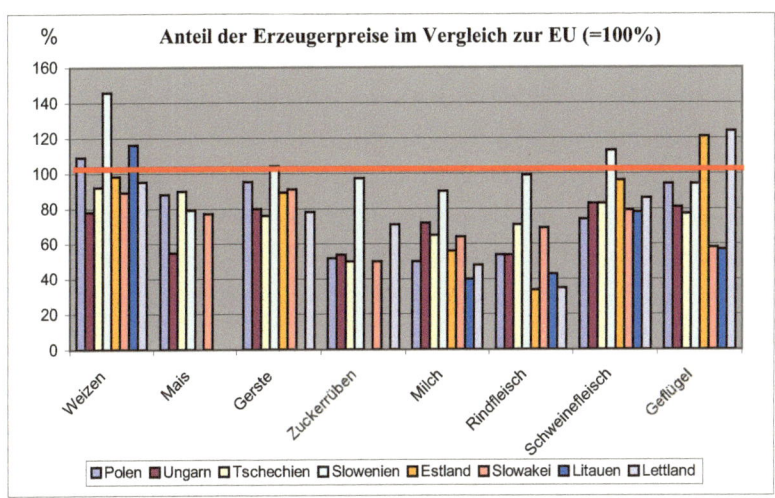

Abbildung 12: Erzeugerpreise im Vergleich zur EU, (Quelle: Europäische Kommission, Februar 2003; Graphik: Eigene Bearbeitung)

Demnach erhalten die Landwirte in den MOEL für pflanzliche Produkte etwa bereits 80% der Preise des EU-Durchschnitts. Vor allem für Getreide und Gerste haben sich die Erzeugerpreise dem EU-Niveau angenähert oder dieses sogar überschritten. Weniger wird in den MOEL lediglich für Mais, und vor allem für Zuckerrüben, die nur 50% des Niveaus der EU erreichen, bezahlt.

Betrachtet man die tierischen Erzeugnisse, so sind deutliche Unterschiede innerhalb dieser zu verzeichnen. Am ähnlichsten liegen die Preise in den MOEL und der EU für Geflügel- und Schweinefleisch, die sogar zum Teil das Niveau der EU überschreiten. Kontrovers sind die Preise jedoch für Milch und Rindfleisch, für die man in den MOEL weitaus weniger bezahlt als in der EU. Der Grund dafür liegt vielfach im Qualitätsunterschied und der billigeren Produktion in den MOEL Bezüglich der Milch- und Weizenpreise besteht besondere Gefahr, da durch fehlende Schutzmaßnahmen die Produktion nach dem Beitritt weiter steigen und es somit zu Überschussproduktionen in Millionenhöhe kommen wird. (Landwirtschaftlicher Informationsdienst, Jänner 2003; Europäische Kommission, Februar 2003; Europäisches Parlament, März 2003).

Um das Preisniveau für Agrarprodukte zu steigern, wenden viele Länder, mit Ausnahme von Estland und Lettland, heimische Mindestpreise bei ihren Erzeugnissen an. Dies erfolgt, jedoch, speziell bei tierischen Produkten, auf viel niedrigerem Niveau als in der EU. Einige Länder haben außerdem Direktbeihilfen, in Form von flächen- oder tierbezogenen Prämien, zur Preisstützung eingeführt. So hat Estland beispielsweise im Jahr 1998 Direktzahlungen für Weizen und Milchkühe eingeführt, Litauen stützt hingegen den Verkauf von hochwertigem Rinder- und Schweinefleisch und Tschechien hat 1998 wiederum eine Agrarflächenbeihilfe eingeführt. Im allgemeinen erfolgt die Stützung der Landwirtschaft in den MOEL durch Darlehnen, Zuschüsse und Freistellung von Abgaben (Europäische Kommission, Februar 2003)

Bei einer Integration der mittel- und osteuropäischen Landwirtschaft in das subventionierte EU- Agrarsystem wäre jedoch eine erhebliche Produktivitätssteigerung, mit Überschussproduktionen, zu erwarten. Dies würde zu zusätzlichen Kosten für ihre Beseitigung führen, was schlussendlich eine erhebliche Belastung für den EU-Haushalt darstellt. So muss schon jetzt durch Produktionsquoten, Flächenstilllegungen und anderen Stabilisierungsmaßnahmen die Produktionsmenge überprüft werden (BUCHHOFER, QUAISSER 1998).

2.2.4. Landwirtschaft und Umwelt

Die Landwirtschaft in den MOEL stellt mit 55 % die dominierende Flächennutzung dar. Demnach ist sie der entscheidende Faktor bezüglich der Nutzung von Rohstoffen wie Land, Wasser, Luft und ländlicher Entwicklung. So entstanden durch die Verwendung von Agrochemikalien und großen Maschinen zahlreiche Umweltprobleme wie Erosion, Wasserverschmutzung, Bodenverdichtung und Gülleversiegelung. Vor allem der maßlose Gebrauch von Düngemittel und Chemikalien, als auch die hohe Konzentration tierischer Erzeugungen führte im Grund- und Trinkwasserbereich zu erheblichen Problemen. Mit dem Wandel zur Marktwirtschaft reduzierte sich der Einsatz dieser Chemikalien und die tierische Produktion, was zu einer Erholung der Umweltsituation führte. Länderspezifisch gibt es hierbei zahlreiche Unterschied. So sind die größten Probleme in den baltischen Staaten Eutrophierung und Verschmutzung der Gewässer durch Chemikalien, wobei in Litauen vor allem die Bodenerosion ein großes Problem darstellt, von der fast 20% der landwirtschaftlichen Nutzfläche betroffen sind. In Lettland war vor allem die Verschmutzung der Ostsee durch Abwässer aus der Agrarerzeugung ein großes Problem. In Polen hingegen verursachte weniger die Landwirtschaft Umweltschäden, sondern viel mehr die Industrie. Demnach gibt es in Polen in Bezug auf die Landwirtschaft erst seit kurzem Umweltmaßnahmen zum Schutze der Natur. In Tschechien, Slowakei und Slowenien herrschen wie in den meisten Ländern Bodenerosion und Wasserverschmutzung durch landwirtschaftlichen Chemikalieneinsatz und Gülleausbringung vor. Auch das sozialistische Ungarn beeinträchtigte durch seine intensiven landwirtschaftlichen Bewirtschaftungsformen die Umwelt. Im Zuge der Transformation führte man 1995 ein Umweltschutzgesetz und 1997 ein Umweltschutzprogramm ein, die auch Maßnahmen im Bereich Landwirtschaft mit ein schlossen, was zu einer Reduktion der Umweltbelastungen führte.

Die MOEL verfügen jedoch auch über ausgedehnte Flächen unberührter Natur, die einen erheblichen Beitrag zur biologischen Vielfalt in Europa beitragen. Im allgemeinen gilt es jedoch, die Auswirkungen einer jahrzehntelangen zentral gesteuerten Landwirtschaft, die zu gravierenden Umweltproblemen geführt haben, zu überwinden. (Europäische Kommission, Februar, April 2003).

3. Integration der ostmitteleuropäischen Landwirtschaft in die EU

3.1. Position der MOEL und der EU

Durch den Beitritt in die EU sind die MOEL verpflichtet, den Acquis Communautaire (frz. für gemeinschaftlicher Besitzstand) zu übernehmen und umzusetzen, einschließlich einer wirksamen Verwaltungs- und Kontrolleinrichtung. Die Landwirtschaft stellt einen der 31 Bereiche des Acquis Communitaire dar, der alle gültigen Verträge und Rechtsakte der EU bezüglich Landwirtschaft umfasst. Das Problem besteht hierbei nicht in der Übernahme des EU-Rechts, sondern vielmehr in der verwaltungsmäßigen Umsetzung. Hier stellt jedoch die EU Förderprogramme zum Aufbau einer funktionierenden Verwaltung zur Verfügung. Weiters kommt es mit dem Beitritt zur Einführung des EU-Binnenmarktes und damit zur Abschaffung der Grenzkontrollen.

Die MOEL akzeptieren durch den Beitritt automatisch den Rechtsstand der EU, fordern jedoch in einigen Bereichen, wie Tierschutz, Hygiene-, Veterinär- und Pflanzenschutzmaßnahmen befristete Ausnahme- und Übergansregelungen. Vor allem im Bereich Lebensmittelsicherheit akzeptiert die EU die Übergangsfristen nur unter der Bedingung, dass jene Agrarprodukte nur auf den heimischen Märkten abgesetzt werden. Im Tierschutz lehnt die Kommission die Übergangsfristen vehement ab, da unterschiedliche Tierschutzbestimmungen zu Wettbewerbsverzerrungen führen würden.

Ferner verlangen die mittel- und osteuropäischen Beitrittsländer, dass mit der Übernahme der aquis communautaire sofortige Direktzahlungen erfolgen müssen. Auch im Bereich Prämien- und Quotenrechte beanspruchen die Beitrittskandidaten, dass sich die Höhe dieser nicht an das gegenwärtige durch Umstrukturierung niedrige Produktionsniveau orientieren sollen, sondern an das künftig zu erwartende Potential der einzelnen Länder (Bayrisches Staatsministerium für Landesentwicklung und Umweltfragen, Jänner 2003).

Ferner fordern die Beitrittsländer Sonderregelungen bei Teilaspekten einzelner Marktordnungen sowie die Einstufung der Räume als Ziel-1-Gebiete, also Gebiete mit höchster Förderintensität. Handlungsbedarf besteht darin, das viele der heutigen förderungswilligen Regionen in den EU-15 diesen Status verlieren würden, das das durchschnittliche BIP pro Kopf dieser Regionen durch den Beitritt höher liegen würde als der EU-Durchschnitt. Demnach dürften die bisherigen Nettoempfänger Verluste erleiden, sofern das EU-Budget nicht aufgestockt wird, was wiederum bedeutet, dass eine Umstrukturierung der europäischen Agrar- und Strukturpolitik erfolgen müsste.

Bezüglich der Produktionsquoten und Prämienplafonds setzt die EU den Forderungen eindeutig ein Schranke, indem sie alle angebotssteuernden Maßnahmen auf Grundlage historischer Produktionsleistungen festlegt. Dazu müssen die MOEL der EU entsprechende Daten für das Jahr 1995 – 1999 vorweisen, nach denen die EU anschließend die Referenzzeiträume erarbeiten will. Was die EU-Ausgleichszahlungen betrifft, so werden diese über einen Zeitraum von 10 Jahren schrittweise eingeführt. Im ersten Jahr werden die Auszahlungen 25% betragen, 2005 bereits 30% und 2006 35%. Eine Steigerung der Ausgleichszahlung soll nur dann erfolgen, wenn eine uneingeschränkte Anwendung des integrierten Verwaltungs- und Kontrollsystems (InVekoS) erfolgt. Falls dies eintritt, steigen die Auszahlungen ab 2006 weiter an und erreichen 2013 ein Stützungsniveau von 100%, ansonsten soll das Niveau von 35% beibehalten werden.

Weitere Forderungen betreffen die Fortführung statistischer Informationen aus den Beitrittländern, die Zurückstellung politisch sensibler Fragen, sowie die Umsetzung der Agenda 2000.

Die EU weist außerdem darauf hin, dass diese Ausnahme- bzw. Übergangsregelungen natürlich nur als Hilfestellung zur schnelleren Umsetzung des Rechtsbestandes zu sehen sind und keine dauerhafte Lösung bieten. Durch vielfältige bilaterale Partnerschaften und Förderinstrumente beweist sie jedoch Wille zum konstruktiven Dialog bezüglich der Forderungen seitens der MOEL. Denn es soll in Zukunft keine zweigleisige Agrarpolitik, sondern nur eine einzige Gemeinsame Agrarpolitik für alle geben. Auch soll es zu keiner Behinderung des Binnenmarktes und zu Wettbewerbsverzerrungen kommen (Folgende Ausführungen stützen sich im wesentlichen auf die BBJ-Unternehmensgruppe, März 2003).

3.2. Heranführungshilfen

Um die Umstrukturierungen der Landwirtschaft zu unterstützen und somit die Vorbereitung auf den Beitritt in den Bereichen Landwirtschaft und ländliche Entwicklung und die Übernahme des Gemeinschaftsrechts zu erleichtern, hat die Kommission drei gemeinschaftliche Finanzierungsinstrumente PHARE, ISPA und SAPARD eingerichtet.

Das Gemeinschaftsprogramm PHARE (Poland and Hungary: Action for the Restruction of the Economy) ist das wichtigste Instrument im Bereich finanzielle und technische Unterstützung, das die MOEL mit jährlichen 1,5 Mrd. € in den Bereichen Verwaltungsaufbau und Investitionsförderung unterstützt.

Mit dem strukturpolitischen Instrument ISPA (Instrument for Structural Policies for Pre-Accession) werden den Ländern mit 1,04 Mrd. € bei der Umsetzung von Infrastrukturprojekten in den Bereichen Umwelt und Verkehr geholfen.

Das Sonderinstrument SAPARD (Spezial Accession Programm for Agriculture and Rural Development) stellt die wichtigste Heranführungshilfe bezüglich der Landwirtschaft dar, und weist ein Investitionsvolumen von 529 Mio. € auf (Landwirtschaftlicher Informationsdienst, Jänner 2003).

Diese Mittel bieten Unterstützung bei der Übernahme der Gemeinsamen Agrarpolitik. Ziel dieser Heranführungshilfe ist es, die Modernisierung der Landwirtschaft und Nahrungsmittelindustrie sowie die Umstrukturierung des Agrarsektors voranzutreiben. Außerdem ist im SAPARD die Übertragung der Verwaltung der externen Hilfe auf Einrichtungen in den einzelnen Bewerberländern festgelegt. Diese Stellen werden die Verantwortung für die Auswahl und Verwaltung der Projekte, die Finanzen und die Durchführung von Kontrollen innehaben. Dies stellt einen neuartigen Aspekt im Vergleich zu den vorhergehenden Erweiterungen dar, da die Übertragung der Verwaltung volle Verantwortung von den Ländern abverlangt, wodurch sie somit wertvolle Erfahrungen in der Anwendung von Gemeinschaftsbestimmungen sammeln können.

Die Bestimmungen der gemeinsamen Finanzierung der Projekte sind länderspezifisch sehr unterschiedlich. Auf jeden Fall werden die Projekte von dem Bewerberland und von der EU gemeinsam finanziert, wobei die EU-Finanzierung bis zu 75% betragen kann (Europäische Kommission, März 2003; Institut für Wirtschaftsgeographie Uni München, März 2003).

Als Kriterien für die Verteilung der SAPARD-Mitteln werden hierbei landwirtschaftliche Bevölkerung, landwirtschaftlich genutzte Fläche, Pro-Kopf-BIP und spezielle Situationen einzelner Gebiete in den Beitrittländern herangezogen. Demnach wird, wie aus der Abbildung 13 ersichtlich, Polen mit 171,603 Mio. Euro am meisten unterstützt, gefolgt von Ungarn und Litauen (Institut für Wirtschaftgeographie der Uni München, März 2003).

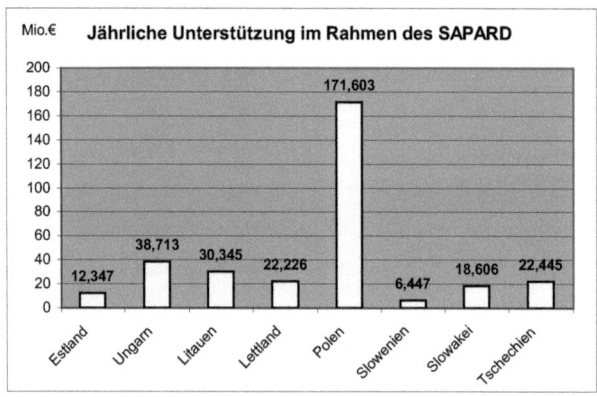

Abbildung 13: Jährliche Unterstützung im Rahmen des SARARD, (Quelle: Europäische Kommission, Jänner 2003; Graphik: Eigene Bearbeitung)

4. Blick in die Zukunft

4.1. Problembereiche und Risiken

Trotz der Bemühungen, den Status der Landwirtschaft an den der EU anzugleichen, ist die Umstrukturierung der Landwirtschaft in den Beitrittsländern 2004 aufgrund der zahlreichen Problembereiche noch lange nicht abgeschlossen. Verglichen mit den zuletzt erfolgten Beitritten wird es im Falle der MOEL nicht möglich sein, die volle Zugehörigkeit zum Binnenmarkt schon im ersten Jahr herzustellen. So wird die Landwirtschaft durch die Übernahme des Gemeinsamen Rechtsbestandes mit zahlreichen Problemen zu kämpfen haben.

Demnach sind die Landwirte im Bereich Vermarktung und Investitionen gezwungen, in ihre Betriebe zu investieren, da diese durch veraltete Anlagen, Maschinen und Technologien gekennzeichnet sind. Auch fehlende Marktkenntnis, sowie schwaches Management, und Marketing werden sich anfangs dramatisch auf die Wettbewerbsfähigkeit auswirken.

Dies hindert nämlich die Landwirtschaft in den MOEL qualitativ hochwertige Produkte zu produzieren, die man auf den neuen Märkten absetzen könnte. So wird es in den ersten Jahren nach dem Beitritt zu vermehrten Importen aus der EU in die MOEL geben. Um in ihre Betriebe investieren zu können, müssen jedoch noch intakte Kreditmärkte geschaffen werden, die vor allem für Kleinlandwirte unabdingbar bei der Aufrüstung ihrer Betriebe sind (SCHNEIDER 2000, S. 41; Europäisches Parlament, März 2003).

Ferner wird es im Bereich Soziales, aufgrund des Liberalisierungsprozesses zu erheblichen sozialen und wirtschaftlichen Problemen, wie z.B. hohe Arbeitslosigkeit, unzureichenden Sicherheitsnetzen und steigenden Verbraucherpreisen kommen. In diesem Zusammenhang stellen vor allem die massiven Wanderbewegungen in die EU-15 Länder, ausgelöst durch die höheren Einkommen in der EU, ein große Herausforderung dar. Dieser Verlust an qualifizierten Arbeitskräfte schadet den MOEL besonders, da wertvolles Know-how und billige Arbeitskräfte entscheidende Faktoren für eine wettbewerbsfähige Landwirtschaft darstellen. Hier gewinnt also vermehrt der Westen an Vorteile, da er durch billigere Arbeitskräfte mehr produzieren kann (HEITZER-SUSA 2001, S. 48-57; Europäisches Parlament, März 2003).

Einen Risikobereich stellt aber auch der Bereich Bodennutzung und Grundstücksmarkt dar. So fürchten nämlich die Beitrittskandidaten, dass ausländische Investoren, aufgrund der niedrigen Pacht- und Bodenpreise, den Grundstücksmarkt aufkaufen könnten um vermehrt ausländische landwirtschaftliche Produktionsstätten errichten zu können (FROHBERG, HARTMANN 2001, S.31).

Auch im Bereich Umwelt treten in einigen Ländern aufgrund des Zugangs zu neuen Märkten Probleme auf, da dies eine Erhöhung der Produktivität und somit einen vermehrten Einsatz von intensivierten Bewirtschaftungsformen zur Folge hätte. Dieser Einsatz wird jedoch durch die Übernahme der Vorschriften der Gemeinschaft strengsten überwacht werden (Europäisches Parlament, März 2003).

4.2. Chancen der Landwirtschaft in den 8 MOEL

Trotz der zahlreichen Risikobereiche in der Landwirtschaft entstehen für die MOEL durch die entstandenen Integrationseffekte vermehrt Chancen.

So kommt es auch im Bereich Investitionen nicht nur zu Problembereichen sondern auch zu Chancen für die Landwirtschaft. Demnach wird es durch den freien Kapitalverkehr vermehrt zu Direktinvestitionen aus dem Westen in den Osten kommen. Diese ausländischen Direktinvestitionen stellen ein entscheidendes Mittel dar, neue Technologien und Managementfertigkeiten ins Land zu bringen sowie Partnerschaften zu knüpfen. Wichtig hierbei ist, dass für die Produktion inländische Inputs herangezogen werden, um eine außenwirtschaftliche Abhängigkeit zu vermeiden (Herr, nach ROGGEMANN, SUNDHAUSSEN 1996; Bundesanstalt für Agrarwirtschaft, März 2003).

Weiters ergeben sich durch den Wegfall der Handelskosten für die MOEL größere Handelseffekte, da ja wie im Kapitel 2.1.3. beschrieben, der Handel mit der EU in den MOEL größeres Gewicht hat als umgekehrt. Mit dem Eintritt der MOEL in den Binnenmarkt erfolgt gleichzeitig eine Zunahme des Preiswettbewerbs innerhalb der EU, aber auch global gesehen (Bundesanstalt für Agrarwirtschaft, März 2003). Demnach werden sich die billig produzierten Agrarprodukte nach und nach auf den ausländischen Märkten durchsetzen und als neue Devisenquellen der Landwirtschaft bei der Weiterentwicklung behilflich sein (MERITT 1991; SCHNEIDER 2000, S.41).

In Bezug auf soziale Themen ist der höhere Lebensstandard zu erwähnen, der sich durch eine langfristig wettbewerbsfähigere Produktivität, die auf Qualität und Spezialisierung abzielt, ergibt. Dafür sind nachteilige Auswirkungen natürlicher Bedingungen auf die Landwirtschaft und Risiken im Zusammenhang mit Marktverhältnissen zu minimieren. Nur solche flexiblen Agrarsysteme sind auf Dauer überlebensfähig und bieten den einzelnen landwirtschaftlichen Familien eine bessere Lebensqualität (Europäisches Parlament, März 2003)

Der Bereich Umwelt stellt deshalb eine große Rolle dar, da eine nachhaltige und umweltfreundliche Entwicklung der Umwelt auch die Grenzländer betrifft. In diesem Zusammenhang müssen vor allem Förderungen von Forschung, Ausbildung und ein Umweltbewusstsein intensiviert werden, um vor allem traditionelle Landschaften und natürlicher Werte zu erhalten. Durch den Beitritt ergibt sich für die Staaten Mittel- und Osteuropas die Chance, Erfahrungen aus der Umweltpolitik auszutauschen und das Know-how konkret umzusetzen, um die Auswirkungen der Landwirtschaft auf die Umwelt zu reduzieren (Europäisches Parlament, März 2003).

5. Fazit

Anhand des ersten Kapitels haben wir nun gesehen, dass die Landwirtschaft nach 1989/90 durch das historische Erbe mit einer tiefgreifenden Transformation zu kämpfen hatte. Allmählich scheint sich dieser Sektor jedoch zu erholen und nähert sich zu mindest in einigen Bereichen dem EU-Status. So haben wir gelernt, dass die Agrarproduktion generell gesehen im Steigen ist, wobei speziell der Pflanzenbau zunimmt. Auch der Tiefpunkt der Tierproduktion ist bereits überwunden und kann wieder Fuß fassen. Desgleichen scheint sich der Bereich Handel und Preise in letzter Zeit durch zahlreiche Strukturfördermitteln wieder zu erholen. Es ist jedoch nicht zu vergessen, dass entsprechende Maßnahmen wie Aufbau von Marktorganen, Schaffung von Vermarktungs- und Vertriebskanälen sowie die Übernahme von veterinärrechtlichen und pflanzengesundheitlichen Vorschriften und der Aufbau eines Verwaltungsapparates noch erfolgen müssen, um dem Wettbewerbsdruck der EU standhalten zu können. Vor allem der Bereich Betriebsstruktur und Eigentumsrecht stellte in den MOEL zum Teil noch ein großes Problem dar. So wurde die Privatisierung zwar auf dem Papier abgewickelt, eine eindeutige Regelung der Eigentumsrechte, sowie die Schaffung von funktionierenden Immobilienmärkten sind jedoch noch nicht abgeschlossen.

Dies lehrt uns bereits, dass mit dem Beitritt zahlreiche Forderungen seitens der EU zu erfüllen sind, die jedoch bereits durch spezielle Heranführungshilfen und Partnerschaften unterstützt werden. Gesamtwirtschaftlich betrachtet ist die Landwirtschaft in den MOEL, mit erheblichen Unterschieden zwischen den Beitrittsländern, als schlafender Agrarriese zu bezeichnen, der mit dem Beitritt nicht nur einige Risikobereiche aufweist sondern auch über ein großes Potential verfügt.

QUELLVERZEICHNIS

Literatur:

BRUNNER, G., (Hrsg.), 2000: Politische und ökonomische Transformation in Osteuropa. – Berlin Verlag, Berlin, S.252

BUCHHOFER, E., QUAISSER, W., 1998: Agrarwirtschaft und ländlicher Raum Ostmitteleuropas in der Transformation. – Verlag Herder-Institut, Marburg, S.265

DAUSES, M., (Hrsg.), 1998: Osterweiterung der EU: Rechtsangleichung und strukturpolitischer Rahmen. – Deutscher Universitätsverlag, Wiesbaden, S. 581

FROHBERG, K., HARTMANN, K., 2001: Konsequenzen der Integration der MOEL, Agrarische Rundschau 2/3 2001, S.10-12, 31

HEITZER-SUSA, E., 2001: Die ökonomische Dimension der EU-Osterweiterung. –Nomos Verlagsgesellschaft, Baden-Baden, S.279

KLEINE ZEITUNG, 16.04.2003: EU-Gipfel in Athen, Graz/Klagenfurt, S.2

MERITT, G., 1991: Abenteuer Osteuropa: Die zukünftigen Beziehungen zwischen der Europäischen Gemeinschaft und Osteuropa. – Verlag Moderne Industrie, Landsberg/Lech, S. 261

PENZ, H., 1992: Entwicklungsstruktur und Zukunft von ländlicher Siedlung und Landwirtschaft in der CSFR und in Ungarn. – Österreichische Akademie der Wissenschaften, Wien, S.47

ROGGEMANN, H., (Hrsg.), SUNDHAUSSEN, H., (Hrsg.), 1996: Ost- und Südosteuropa zwischen Tradition und Aufbruch: Aspekte der Umgestaltungsprozesse in den postsozialistischen Ländern. – Urrassowitz Verlag, Wiesbaden, S. 280

SCHNEIDER, M., 2000: Folgen der EU-Erweiterung für die Landwirtschaft, Agrarische Rundschau 3/2000, S.41

Internet:

Amt der Salzburger Landesregierung, Jänner 2003: Bericht über die wirtschaftliche und soziale Lage der Salzburger Land- und Forstwirtschaft in den Jahren 1998-2000, Kapitel 10, http://www.salzburg.gv.at/pdf-gb_kapitel_10.pdf

Bayrisches Staatsministerium für Landesentwicklung und Umweltfragen, Jänner 2003: Süderweiterung der EU – Vorbild für den Beitritt mittel- und osteuropäischer Staaten zur EU?, http://www.umweltministerium.bayern.de/aktuell/newsroom/reden/2000/310500.htm

BBJ-Unternehmensgruppe, Februar 2003: Fakten & Trends 2002, http:www.bbj-unternehmensgruppe.de/bbj/docs/f+tkap24.pdf

Bundesanstalt für Agrarwirtschaft, März 2003: Mittelosteuropas Agrarmärkte vor dem EU-Beitritt von HR Dr. Franz Greif, http:www.awi.bmlf.gv.at/docs/3.offer/public/schriftum/Euerweiterung.pfd

Europäische Kommission, Februar 2003: Lage und voraussichtliche Entwicklung der Landwirtschaft in den mittel- und osteuropäischen Ländern, http://www.europa.eu.int/comm/agriculture/publi/peco/summary/sum_de.pdf

Europäische Kommission, Jänner 2003: Landwirtschaft und Erweiterung – Grünes Licht für das ungarische SAPARD-Programm, http//:www.europa.eu.int/comm/agriculture/external/enlarge/index_de.htm

Europäische Kommission, März 2003: SAPARD- Sonderprogramm für die Vorbereitung auf den Beitritt in den Bereichen Landwirtschaft und ländliche Entwicklung, http://www.europa.eu.int/comm/agriculture/external/enlarge/back/sapard_de.pdf

Europäische Kommission, April 2003: MOEL-Berichte, http:www.europa.eu.int/comm/agriculture/publi/peco/estonia/summary/sum_de.htm

Europäisches Parlament, März 2003: Die Folgen der Erweiterung für die Landwirtschaft der EU, http:www.europarl.eu.int/stoa/publi/pdf/summaries/00-10-01sum_de.pdf

Institut für Agrarentwicklung in Mittel- und Osteuropa, März 2003: Studies on the Agricultural and Foodsector in Central and Eastern Europe, http://www.iamo.de/Publika/IAMO_jahreszahl/iamo2001.pdf

Institut für Wirtschaftsgeographie der Uni München, März 2003: Die Gemeinsame Agrarpolitik der EU (GAP) vor dem Hintergrund der bevorstehenden Osterweitaerung und aktueller Probleme des Welthandel, http//:www.wigeo.bwl.uni-muenchen.de/download/files/publikationen/wru16.pdf

Landwirtschaftlicher Informationsdienst, Jänner 2003: Archiv (Dossier 2000) – Europäische Landwirtschaft und Ost-Erweiterung der EU, http://www.lid.ch/archiv/dossier/2000/dossier378/DOSS378.pdf